RENZO PIANO

SPIRIT OF NATURE

Wood Architecture Award 2000

译 序

Thank you for your support in making this book.

EDITA
www.edita.fi

finnforest
www.finnforest.com

UPM
www.upm-kymmene.com

“自然之魂木建筑奖” 是于1999年新创立的国际性建筑大奖，奖项专门授予那些在建筑设计中典范性、创造性地使用木材的组织或个人。此奖项在国内还鲜为人知，出版此书中文版的目的之一就是让中国的建筑界能够更多地了解这一国际性的大奖，使中国的建筑师们又多一个了解世界建筑发展方向和动态的窗口。

“自然之魂木建筑奖”在2000年度首次颁奖，此后每两年颁奖一次，伦佐·皮亚诺成为首获殊荣的建筑师。

提起伦佐·皮亚诺，中国的建筑师和建筑学专业的学生们几乎无人不知，谈起他的作品，大家会立即想起诸如“巴黎篷皮杜中心”等采用钢、铝、玻璃等材料建造的大型“现代”建筑物。 其实皮亚诺先生的实践范围是相当广泛的，尤其是在建筑中创造性地运用传统木材方面，作了大量的探索与实践，取得了令人瞩目的成就，正如本次评委会主席、芬兰建筑师协会雷纳·马拉马基（Rainer Mahlamäki）先生所说，这些木建筑“同样富有新意、同样精致，又技艺高超”，“他的设计展现了木材最具魅力的特性”，为人们营造了可持续发展的、合乎伦理的、生态的居住空间，因此，伦佐·皮亚诺先生在2000年该奖的首次评选中成为首任得主是当之无愧的。

本书中译本的出版得到了芬兰“建筑信息公司”（Building Information Ltd）以及伦佐·皮亚诺先生本人的大力支持，另外Eero Jokivirta先生（芬兰）、Mina Jokivirta小姐（芬兰）、方海先生也为促成本书中译本的出版作了大量的工作，在此一并感谢！

伦佐·皮亚诺 自然之魂

木建筑奖 2000

周浩明 冯文静 译

东南大学出版社

图书在版编目(CIP)数据

伦佐·皮亚诺:“自然之魂”木建筑奖 2000/芬兰建筑资讯有限公司编;周浩明译.-南京:东南大学出版社,2002.1
ISBN 7-81050-887-3

Ⅰ.伦… Ⅱ.①芬…②周… Ⅲ.木结构-建筑-作品集-意大利 Ⅳ.TU209

中国版本图书馆 CIP 数据核字(2001)第 097053 号

Copyright	Wood in Culture Association (www.spiritofnature.net), Renzo Piano Building Workshop and Building Information Ltd (www.rakennustieto.fi)
The original title	Renzo Piano Spirit of Nature Wood Architecture Award 2000
Photographs	Renzo Piano Building Workshop
Graphic design and layout	Anders Adlercreutz, Finland
Reproduction of photographs	Karisto Oy, Finland

First published in 2000 by Building Information Ltd, Helsinki, Finland

出版发行	东南大学出版社 地址 南京四牌楼 2 号 邮编 210096 tel 86-25-3793330 fax 86-25-3362442 E-mail yibian@seu.edu.cn
出版人	宋增民
责任编辑	姜 来
经销	江苏省新华书店
制版	东南大学印刷厂设计制作部
印刷	上海界龙印刷装订厂
开本	889mm×1194mm 1/20
印张	4.4
字数	105 千字
版次	2002 年 3 月 第 1 版第 1 次印刷
印数	1-3000 册
定价	45.00

如有印装质量问题,可向发行科调换
Tel 86-25-3792327

森林与建筑

FINNISH FORESTS
GROWING IDEAS

建筑为展现木材的独特品质提供了绝好的媒介。木材质轻、可塑性强、强度大、保温隔热，作为表面材料，它生动自然，是一种可持续材料，也是建筑业中唯一具有环保证书的原材料。

芬兰的森林主、森林工业和森林与公园服务组织联合创办了芬兰森林基金会，以提升木材的积极形象并促进其开发利用。木材作为一种材料，需要有自己的代言人、伯乐和制造商，他们与该领域的产品开发、技术创新、研究与传播息息相关。

芬兰森林基金会参与了“自然之魂木建筑奖”的创立工作，这一奖项旨在表彰为新世纪营造的可持续发展的、合乎伦理的、生态的人类居住空间。

芬兰森林基金会主席
伊萨·哈马拉(Esa Härmälä)

前 言

木文化协会的创立旨在提升木材的形象并促进其开发利用。为此，协会创立了国际“自然之魂木建筑奖”。

木材，作为自然存在的一种表达，在文化生活的诸多方面都有体现；木材，作为多用途材料，总是能够激发人们的想象。过去，它被人们精巧地运用，今天，它仍是人们智慧的载体。今天的建筑师对在现代构筑物中应用高科技材料和运用诸如木材这样的传统材料同样怀有兴趣，木文化协会的宗旨不仅在于发扬传统，更在于提携新秀、鼓励创新。

“自然之魂木建筑奖”创立于 1999 年，是专门为表彰优秀的建筑设计而设立的奖项，授予那些能够在他们的作品中典范性、创造性地运用木材的组织或个人。协会希望利用这一奖项在全球范围内支持和嘉奖那些以木材为核心材料的建筑。

“自然之魂木建筑奖”每两年评选一次。2000 年首任得主是著名的意大利建筑师伦佐·皮亚诺。感谢他和他的事务所提供的精美图片和文字，使这本书得以顺利出版。

2000 年 9 月 7 日，颁奖典礼在堪称新千年芬兰木建筑之旗舰的拉赫蒂会议与音乐中心新西贝柳斯大厅举行。芬兰电视网 MTV3 对此进行了报道，并由欧洲广播联盟在许多国家播放。典礼上，由奥斯莫·万斯科（Osmo Vänskä）指挥的拉赫蒂交响乐队进行了精彩的表演，小提琴独奏由列奥尼达斯·卡瓦科斯（Leonidas Kavakos）担任。五万欧元的奖金由芬兰森林基金会提供。

木文化协会热忱感谢首届“自然之魂木建筑奖”的评委们，感谢他们专业水准的评选工作，遴选出如此优秀的获奖者。评委们是来自三个国家的建筑师：雷纳·马拉马基（Rainer Mahlamäki）（主席，芬兰），古诺·阿德勒克鲁兹（Gunnel Adlercreutz）（芬兰），格莱恩·莫库特（Glenn Murcutt）（澳大利亚），安多·斯卡宁（Unto Si-ikanen）（芬兰），格特·文加德（Gert Wingårdh）（瑞典）。

我们要感谢所有的支持者和赞助人。没有他们的支持，我们的努力难以成功。我们还要特别提及芬兰森林基金会、芬兰森林协会、MTV3 电视公司、拉赫蒂市政府、新西贝柳斯音乐厅的负责人，木材时代运动（the Time for Wood campaign）颁奖典礼上的表演者们。我们还要感谢古诺·阿德勒克鲁兹女士，建筑资讯有限公司，他们的大力支持使本书的出版成为可能。

如何将木材更好地应用于建筑结构和构件上，如何提高它的质量，我们希望这一奖项能对此起到推动作用。

木文化协会顾问委员会主席
伊尔基·托凡宁（Erkki Toivanen）

获奖者提名

雷诺·马拉马基
Rainer Mahlamäki
芬兰建筑师协会(SAFA)建筑师
评审团主席

所有的评审委员都会发现评审工作十分艰巨，而且时常很难作出决断。鉴于此本届评委就评奖的原则和候选人的优点进行了数次长时间、富有成效的讨论。由于本奖项是世界上惟一的国际性木建筑奖，所以评委们十分清楚自己的责任：本届大奖揭晓后，随之而来的种种评论将在一定程度上为以后的评奖定下基调。这就意味着当前的工作更为艰巨，同时，又更具吸引力与挑战性。

木材是芬兰建筑师所熟悉的材料，我们都用过它，它就在我们周围生长、繁衍，因此，由某个芬兰公共团体开设奖项，致力于强调木材对于构建美好建筑的巨大作用就是自然而然的事了。

评选“自然之魂木建筑奖”的首位得主是对评审团的挑战和考验。在对参赛人甄选时，他们发现，正如所预料的那样，就现代建筑而言，木材因其异乎寻常地难以把握而较少被采用。据粗略考察，完全用木材建造的独具魅力的房屋只有少数几例。尽管如此，几个惊人的名字从许许多多著名现代建筑师中脱颖而出，他们树立了以木材为主要设计元素的杰出范例。可喜的是，我们发现了许多出自年轻设计师的独特新颖的优秀设计，这些作品彰显了木材的天然品质。这使我们相信，和这一专业的其他奖项相比较，“自然之魂木建筑奖”给予获奖作品的承认将使它们占有与众不同的地位，并为世人所瞩目。

评委们是在没有任何成见的前提下开始评选工作的。他们深入探讨了建筑的特性和社会角色以及建筑材料的性能。然而，因为候选人中既享有国际声望又比较年轻且极具发展潜力的建筑师数量不多，评选工作就显得出乎意料地容易了。大家一致选择伦佐·皮亚诺，他的设计生涯历经四十多年，始终体现着简约的风格、严密的自然结构逻辑和对于细部的密切关注。所有这些，再加上他对设计要求、地形、文脉的深刻理解，使他跻身于世界顶尖建筑师之列。

伦佐·皮亚诺的声望主要是通过设计一些大型建筑物而树立起来的，如巴黎蓬皮杜中心（罗杰斯和皮亚诺，1977）。较不为人所知的是，除蓬皮杜中心和其他采用钢、铝和玻璃材料的作品外，他还设计了木构建筑——同样富有新意、精致，又技艺高超。建造可持续的，符合美学要求和伦理学要求的建筑，透彻地理解所用材料是其基础，这一点十分重要，伦佐·皮亚诺不但理解了，而且设计出了完美的典范之作。他的设计展现了木材最具魅力的特质，尤其在构造上，当他把木材用于建筑表面，并与其他材料结合使用时，充分发挥了各种材料的最佳性能。

通过 IBM 流动展览馆（IBM Traveling Pavilion），可以看到伦佐·皮亚诺革新性构造建筑的精粹。这是一座轻便型建筑（现已不用），承重的框架用胶合木拱架构成，拱架间形成有规律的空隙，空隙上覆以透明的聚碳酸

蓬皮杜中心　1971–1977

吉芭欧文化中心　1991–1998

酯薄膜片。两种性能不同的材料由托架连接，并用一种专为此工程研制的胶水粘合。一系列雅致的重复构件构成了丰富的装饰图案，同时却依然保持简洁明快的格调。波洛美提欧音乐厅（Prometeo Musical Space, 1984）也用了同一主题：一个可移动的音乐表演空间，也是胶合木结构，整个建筑就像神话传说中的诺亚方舟。

伦佐·皮亚诺的设计源自它所处的环境。他目前的办公室位于热那亚附近的联合国教科文组织研究实验室

(UNESCO Research Laboratory, 1994)，沿山坡而建，面临大海，天衣无缝地融入周围的自然环境。简洁的采光屋顶由胶合木梁和轻钢支架构成。位于新卡里多尼亚的让-玛丽·吉芭欧文化中心（the Jean-Marie Tjibaou Cultural Center, 1998）和它的形式语言来源于当地土著人的文化与生活。建筑以木材作为主要材料，暗示了当地的建筑传统。十个圆拱形建筑都用胶合木结构，木材覆面，构成了雕塑般的建筑群，散发着神秘的气息。它们背对着大海和海风，同时又利用自然风调节室内空气。

这两个工程反映出伦佐·皮亚诺严格、丰富、变化的建筑风格，也体现了木材在建筑技术、美学、生态学等方面给建筑师带来的可发挥空间。

我代表评审团，向竞赛的组织者——木文化协会表示感谢，感谢他们创办了这一奖项。木材是一种生态、易用、可塑性强且令人振奋的材料，在高层次建筑设计方案中十分重要。我们坚信，这一国际建筑奖将对发挥木材潜质起重要作用。拉赫蒂会议与音乐中心，密切关注该奖项，它们努力拓宽文化概念，探索交流的可能，致力于国际交流和文化传播。

为了本次首届颁奖典礼，也为了“自然之魂木建筑奖”的明天，当务之急是抓紧时间将此书出版。出版商郑重感谢伦佐·皮亚诺的事务所在这么短的时间内把有关材料准备好并传送过来。

最后，我代表评审团的全体成员，向伦佐·皮亚诺先生表示祝贺，能够向他颁发首届木建筑奖是非常愉快的事，也是我的荣幸。

场所精神

格莱恩·莫库特
Glenn Murcutt
建筑师
评审团成员

伦佐· 皮亚诺说过："技术的通用性可能会破坏场所的特殊性，然而场所是有局限性的，它不应抑制技术的无限潜能。" 通过大量作品，他向世人展示：灵感可以从低技术的传统建筑中汲取，同时应该避免对形式的片面追求。

与他的合伙人一起，皮亚诺本着勇于探索、不怕失败的精神从事他的事业，他通过观察自然，用技术和结构进行各种尝试，对预制体系与专用构件进行潜心钻研。他的设计过程始终处于循环的状态：工程计算、细节推敲、模型制作、足尺模型和进一步修改完善。

皮亚诺崇尚完美甚至超过了他对技术本身的追求。他的建筑不仅力求体现工程理念，还探索工艺，使形式、材料能诗意地结合。

他总是避免将风格，即建筑的外观，作为他最为关心的对象。相反，他认为风格是一个危险的概念，是一种自我陶醉的手段。人们应该更多地关注建筑的一致性。如果风格变成了局限，变成了一种金制的笼子，你在里面就为能否被人承认而惶惶不安了。

他的作品体现了客户的愿望、地形特征、当地的气候和文脉。

皮亚诺的建筑是技术创新的、优雅的、轻盈的，它们通透、明晰、简洁，与现代建筑体系和功能相平衡。他的建筑是各种材料的合成体，如木材与金属及织物的完美结合，同时确保每种元素的功能和特性在各自的形式中得到体现。

让-玛丽·吉芭欧文化中心
Jean-Marie Tjibaou Cultural Centre

新卡里多尼亚,诺米亚
Nouméa,New Caledonia
1991-1998

应新卡里多尼亚的请求，法国政府同意在诺米亚出资建造文化中心，以纪念 1989 年被暗杀的政治领导人让—玛丽·吉芭欧。

这一工程的挑战性在于要尊重当地文化，尊重它的历史和传统——它的过去、现在和未来,还有它对环境的敏感性。这就意味着要让欧洲的技术服务于卡那克人（Kanak）的传统和愿望，它决不能拙劣地模仿当地文化,也不能完全照搬外国模式。

正确的态度是，与其模仿历史陈迹或简单地复制一个村落,不如努力去反映当地土著文化及其象征,它们历时久远,却依旧活力盎然。

理解卡那克文化的发展历程是做好此项目的关键一环,只有熟知卡那克的历史、环境和信仰,才能最大限度地忠实于当地人民的传统。

具体地说，这就意味着既要采用传统材料和建筑方法,又要重视并利用某些自然元素,如风、光和植物。

新卡里多尼亚土著木棚的结构，尤其是实用功能被调整后得到再现。这里总共有十座棚屋，每座高 20～28 米，坐落在海滨自然保护区的中心地带，棚屋之间有小路相连。

它们服务于各种各样的功能或唤起某种主题。基地的第一部分是永久性或暂时性的展览场所，里面有大礼堂和圆形剧场。第二部分是位于棚屋中的管理部门、科研区、会议室和图书馆。最后部分包含传统性活动（如音乐、舞蹈、绘画和雕塑）工作室。

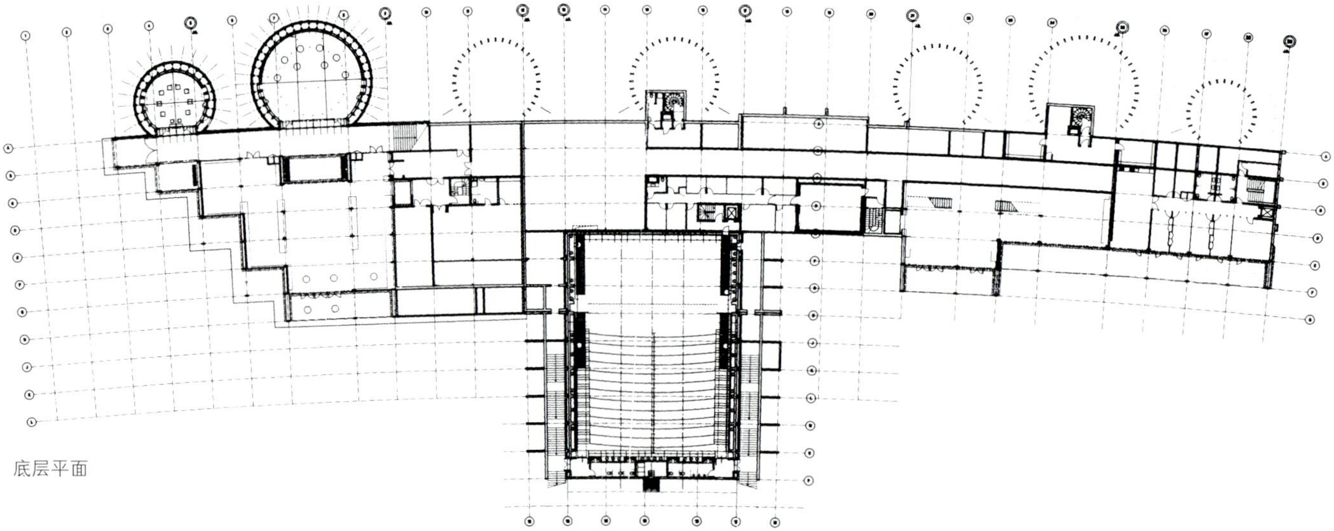

底层平面

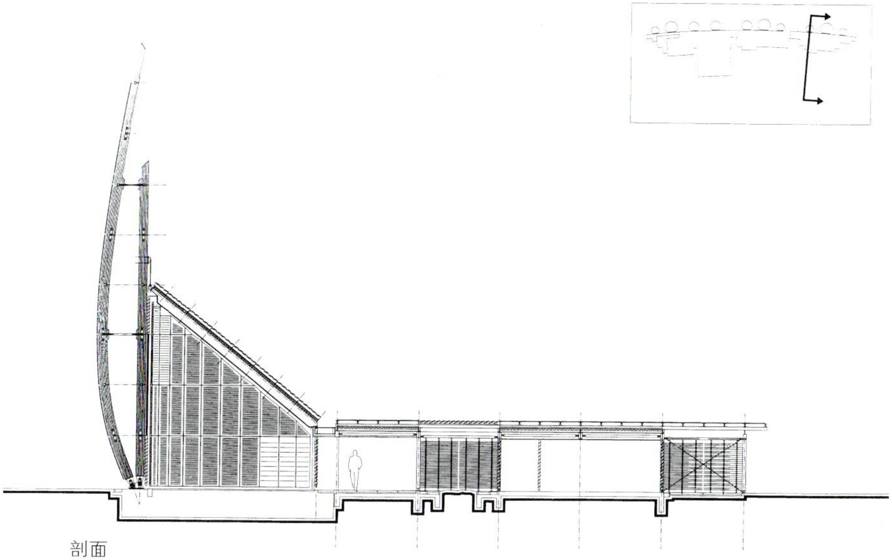

剖面

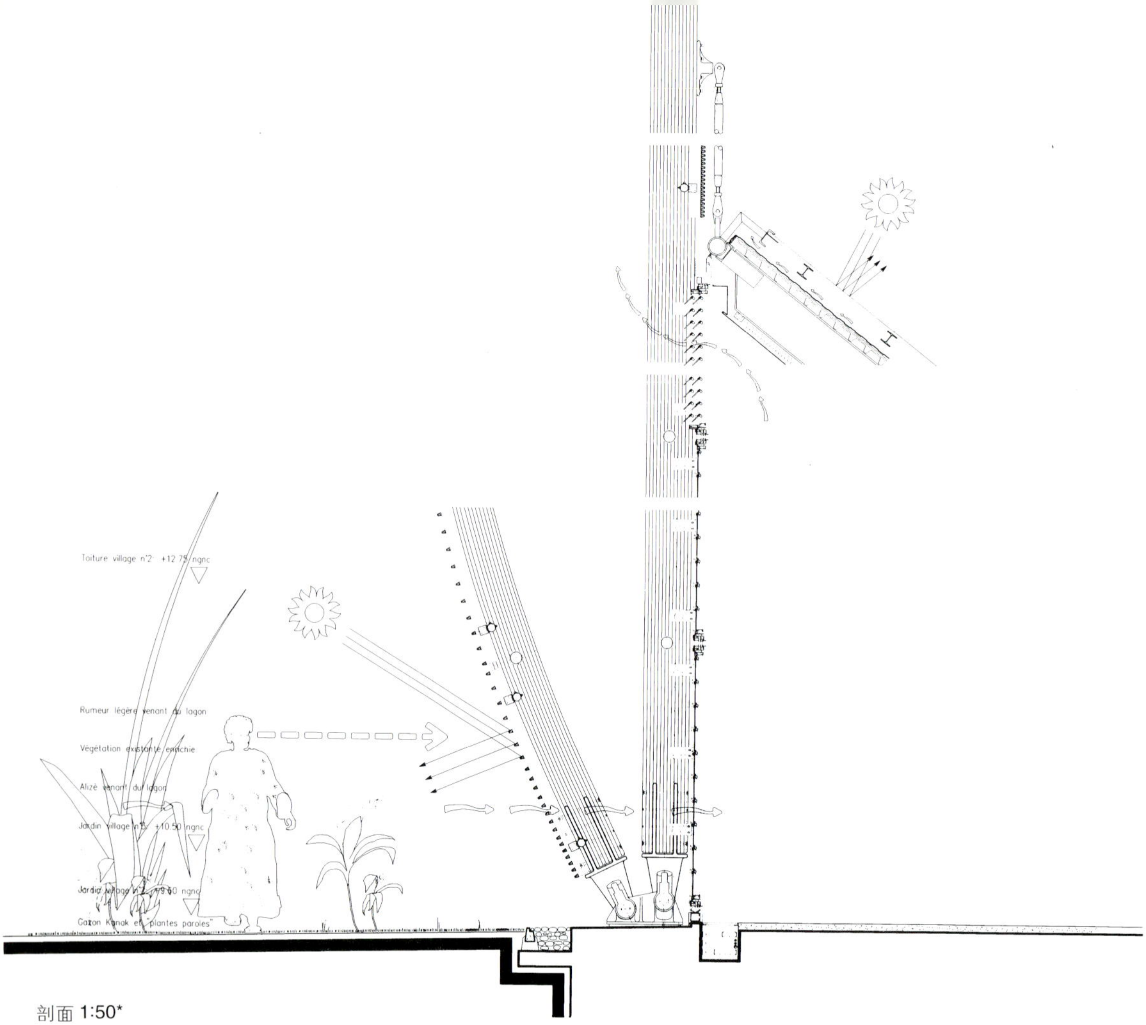

剖面 1:50*

* 此处及下文中比例尺为原版所注，此中文版中图片已随开本缩至原大的90%。

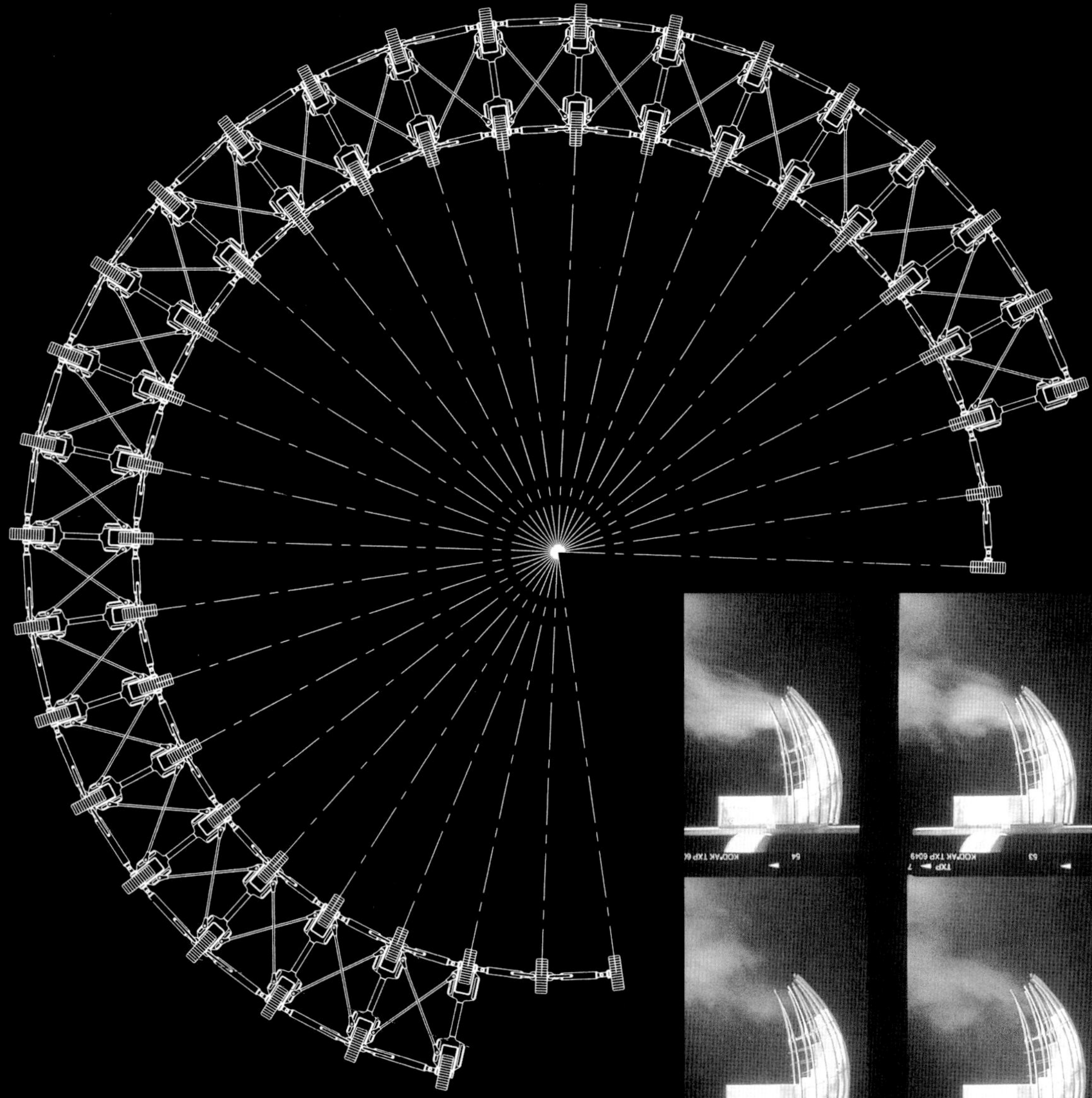

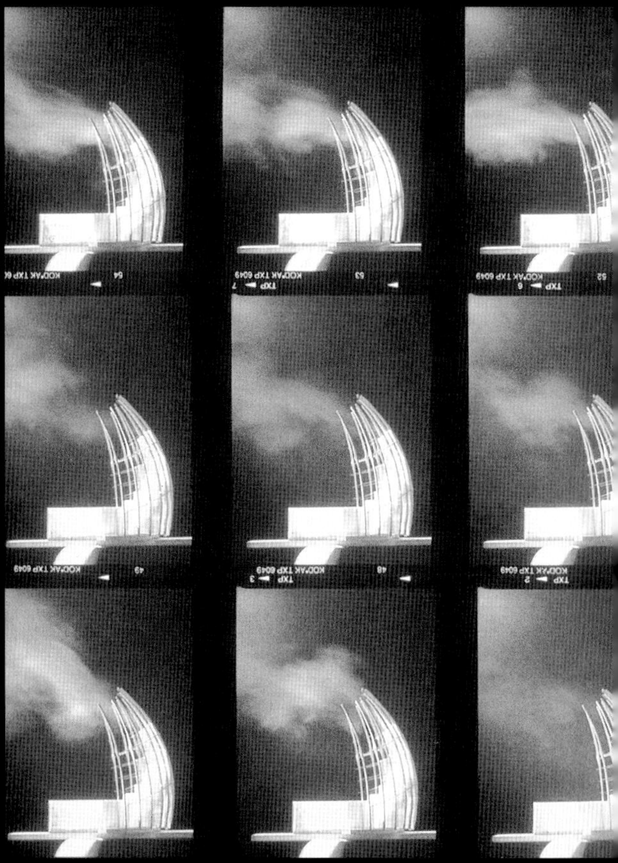

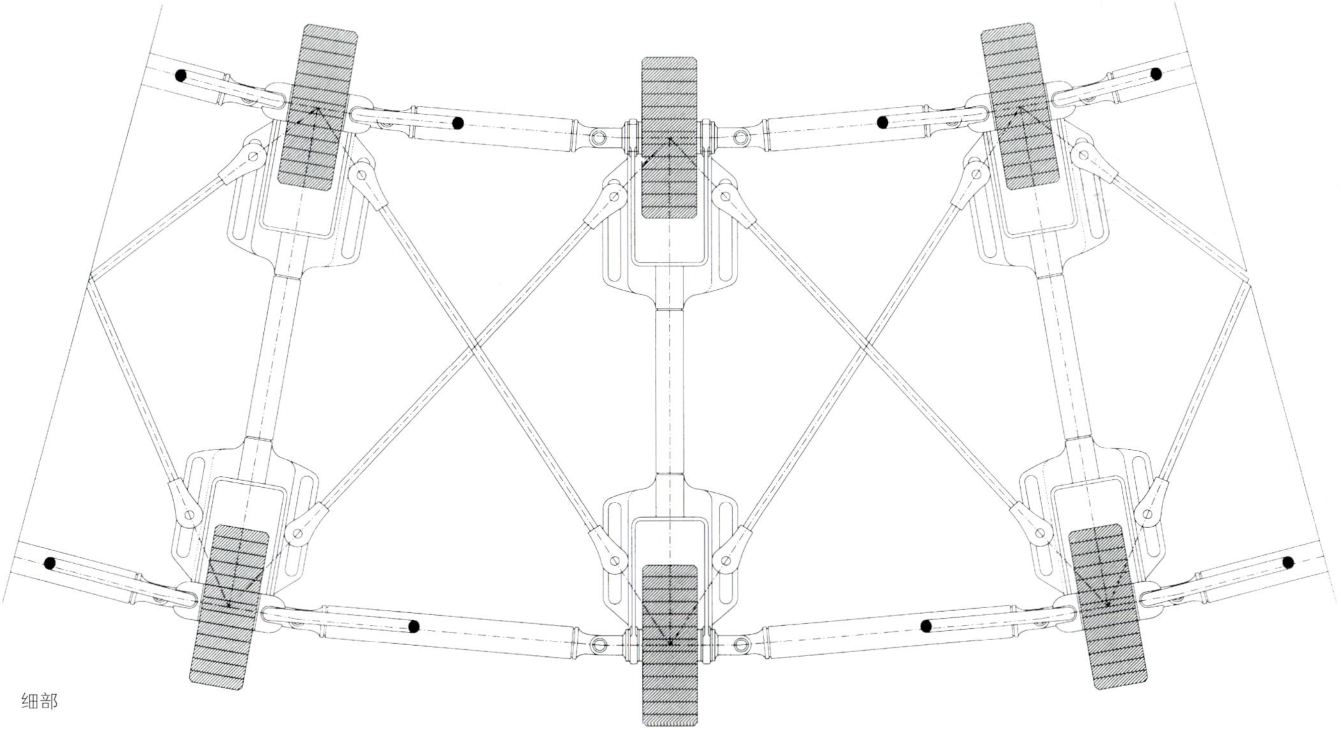

细部

伦佐·皮亚诺建筑工作室
Renzo Piano building workshop

联合研究计划实验室
意大利，热那亚，庞塔·内浮
Joint Research Programme Laboratory
Punta Nave, Genoa, Italy
1989–1994

坐落在环海的山丘上，庞塔·内浮（Punta Nave）包括联合国教科文组织的一所实验室和伦佐·皮亚诺的建筑工作室热那亚总部。它始建于1989年，位于热那亚城西边缘地带，它被有目的地与外界隔离，就像一个无人居住的孤岛。它平静、沉默、使人专注，激发人的创造力。然而，它并非隐士的“桃花源”，不同国籍的人在这里工作，它的大门永远向同行敞开。

庞塔·内浮与周围的环境完美和谐地融为一体，它呈阶梯状沿平缓的山坡向着大海铺展开来。房屋是玻璃结构，完全模仿了利古里亚（Ligurian）海滨传统样式的花房形式。位于山岭与地中海交接之地，庞塔·内浮就像献给大海的一首赞美诗。

工作室仿佛一座巨大的花房，里里外外遍布花木，与自然有着特殊亲密的联系。本着这种精神，我们寻求最大限度地利用自然光，使之弥漫于生活的方方面面，成为我们的天然时钟。

尽管庞塔·内浮是故意远离市区的世外桃源，但它可以通过现代科技与世界交流。因此它并不是真的与城市对立，我们愿称之为“后都市”（post–urban）研究中心。

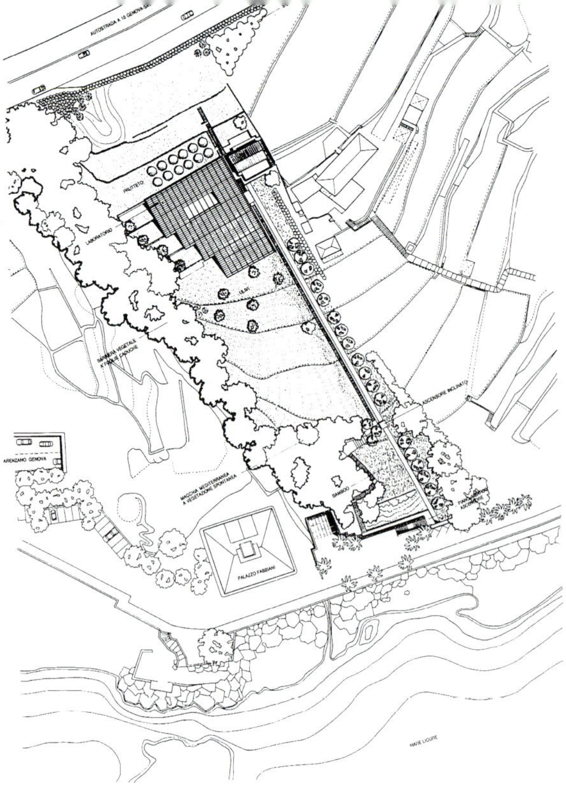

基地平面 1:2000

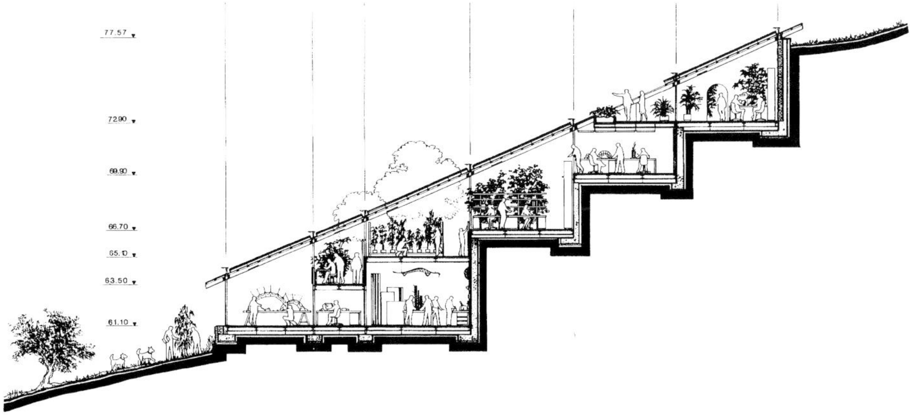
77.57
72.90
69.90
66.70
65.10
63.50
61.10

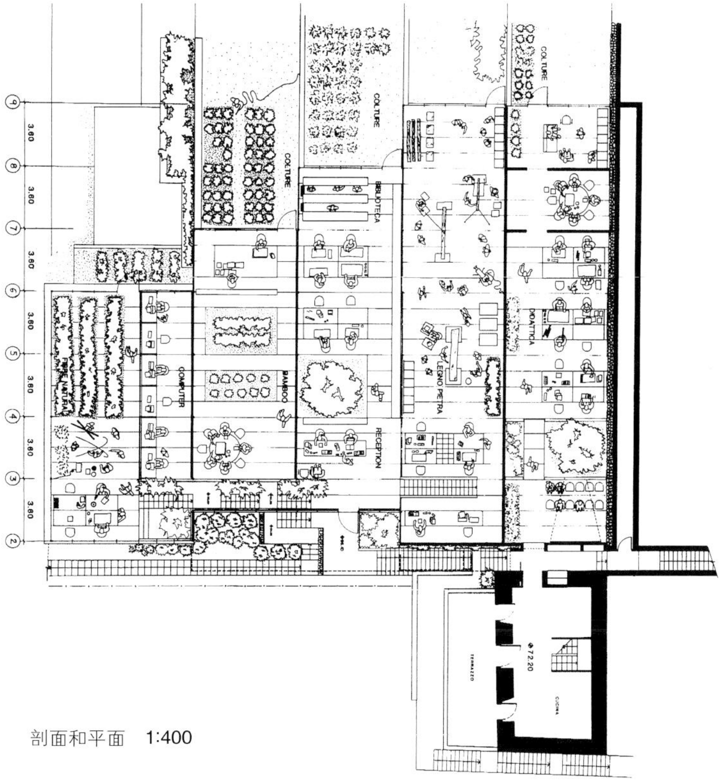
COLTURE
BIBLIOTECA
COMPUTER
BAMBOO
RECEPTION
LEGNO PIETRA
DIDATTICA
3.60
72.20

剖面和平面　1:400

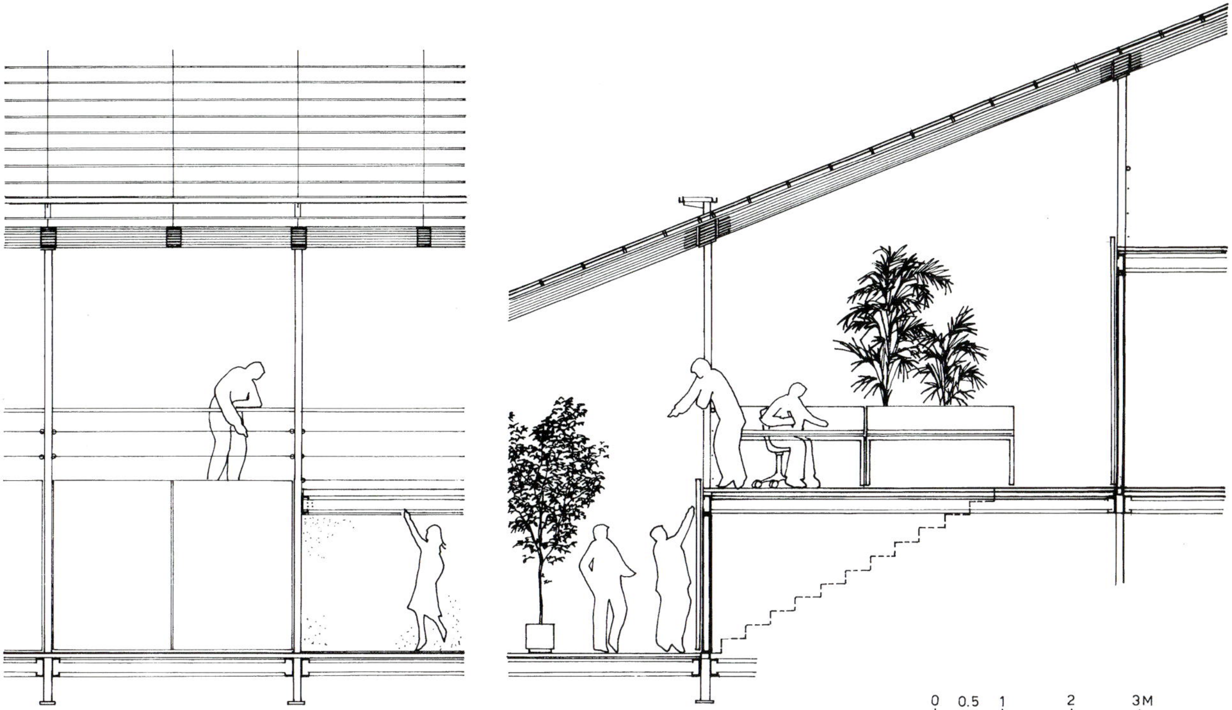

剖面　1:100

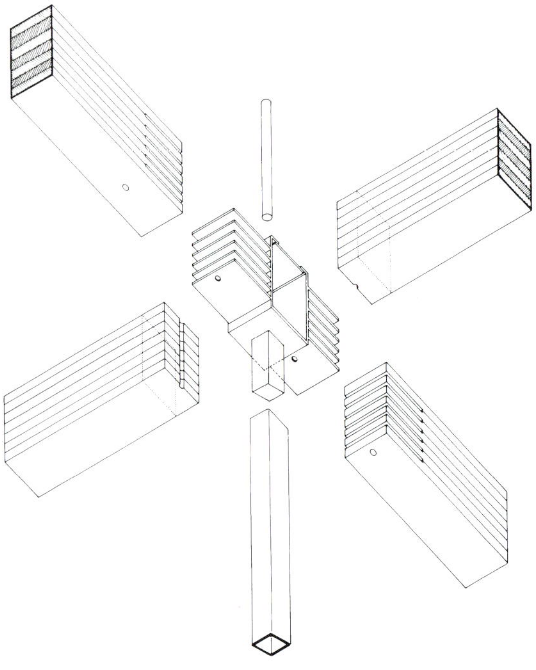

DANTE'S
WORKSHOP

VIBRO
RENZO

波洛美提欧音乐空间
Prometeo Musical Space

意大利,威尼斯和米兰
Venice and Milan,Italy
1983-1984

波洛美提欧 （Prometeo） 是洛伊基·诺诺（Luigi Nono）写的一部与建筑和当代音乐密不可分的歌剧，建造波洛美提欧音乐厅的目的就是创造一种“音乐的”空间，以此向人们头脑中音乐厅的传统模式挑战。

观众席被安排在建筑中央，音乐家们环绕观众，分布在不同的高度上。这样安排的目的是在不同的点创造空间与音乐的自然互动，即双方互相依存。

要达到这种效果需要建造舞台和音乐厅，还需要演出和音响设备。这个可容纳 400 个座位的建筑物的另一个主要方面是它的标准化单元设计。它要建在威尼斯的一座教堂和米兰的一家废弃的工厂里面。

从技术角度看，该项目的挑战性远不止音响效果这一个问题，合唱团和交响乐团的 80 位成员必须穿过通道，登上阶梯，到达沿歌剧院排列的高台，为了听从指挥，他们要看显示多种指挥提示的特殊屏幕。

这一空间的设计构想来源于歌剧院，它对整个创造过程起了推动作用。木材，因其对音响效果的特殊作用，被选为基本材料。由于空间尺度的原因，采用了一些造船技术，尤其是采用了胶合板。

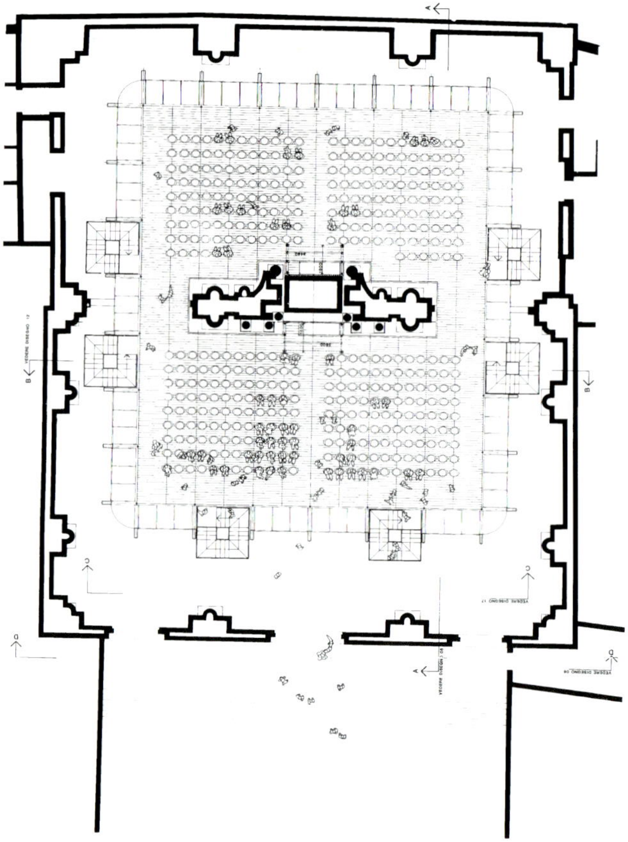

平面和剖面 B　1:400

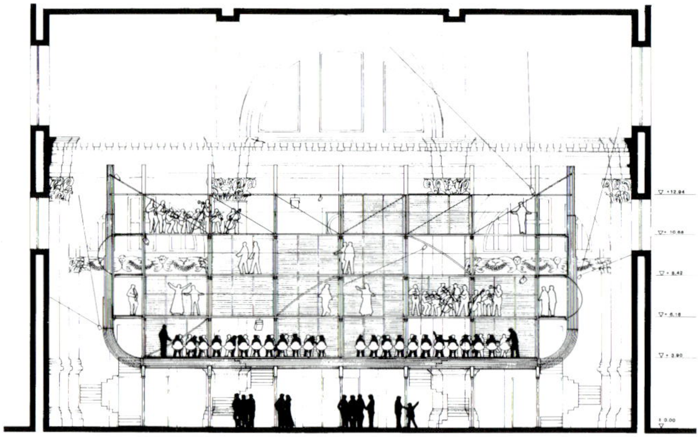

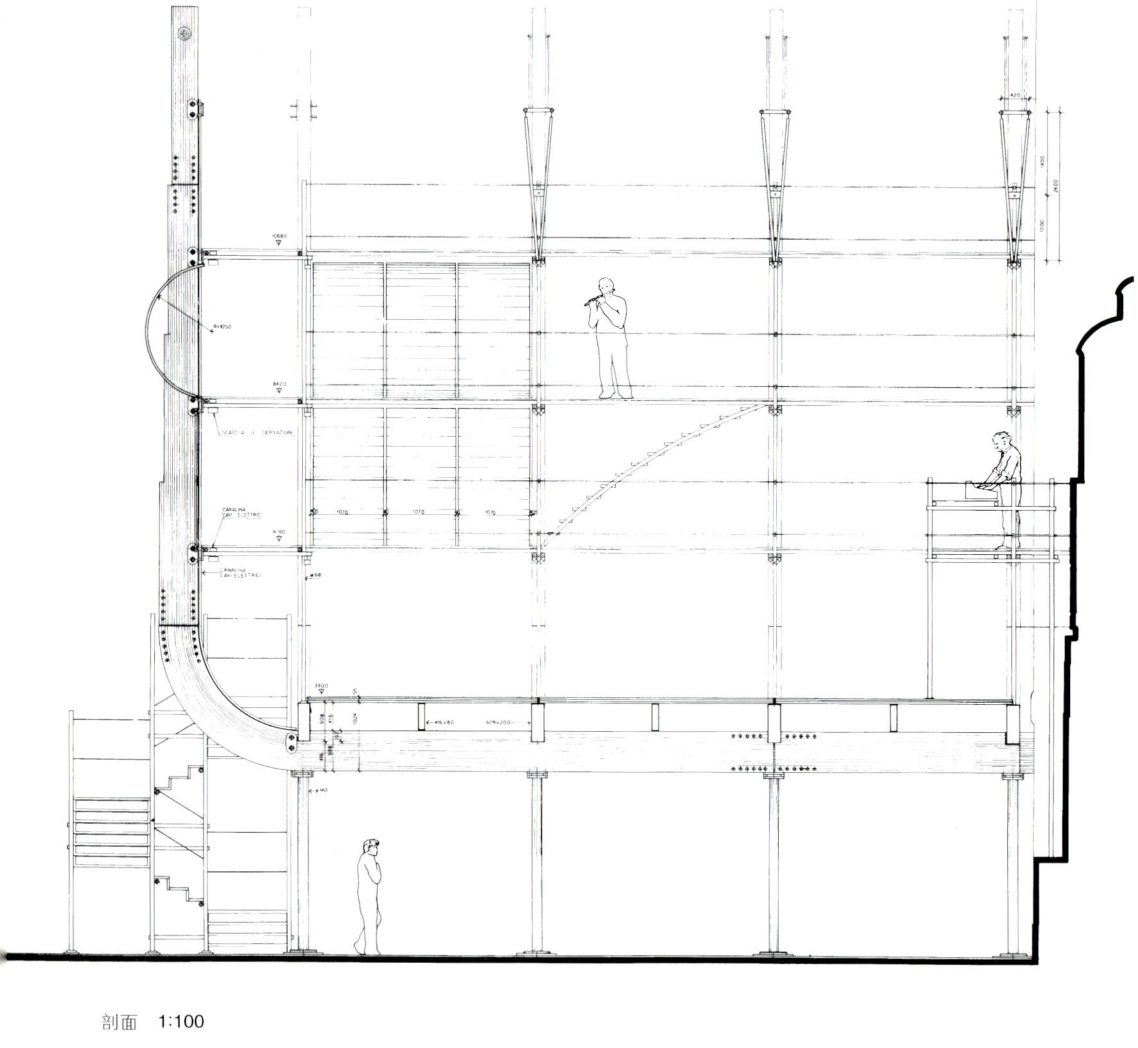

剖面　1:100

IBM 巡回展览馆
IBM Traveling Pavilion

1983–1986

为促进计算机技术的发展，IBM 公司决定组织一次环欧洲巡回展览。展览的核心是远程通讯技术（它消除了远距离带来的障碍，可通过位于任何角落的工作站进行联络），那时这种技术还只为少数特权人物所享有。

为了与展览的精神保持一致，展览不能在现有的建筑物中举行，而是要有特别设计的临时展览馆，在展览路程中的每一站都可以保持其统一的识别性。它可以在欧洲每座城市的公园里进行拆装，就像马戏团的大篷屋一样。建造这样一个暂时性建筑意味着有很大的可尝试空间，这主要是因为展品的暂时性消除了很多限制条件。

展馆长 48m，宽 12m，高 6m，按计划它将在欧洲之行的终点被拆除。骨架由 44 组一模一样的几何形圆拱组成，每一组圆拱有两个四分圆，在顶端处连接。展馆的半圆柱形表面采用了多碳酸盐材料，这种材料透明、轻便，又有足够的强度。每一个四分圆的外面都附有同一材料制造的 6 个金字塔形构件，每个构件用薄夹板和铸铝合页支撑。

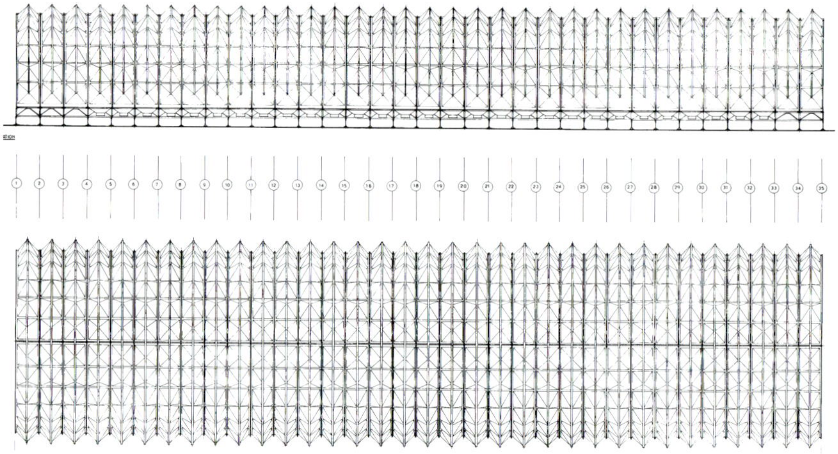

立面和屋顶平面　1:400

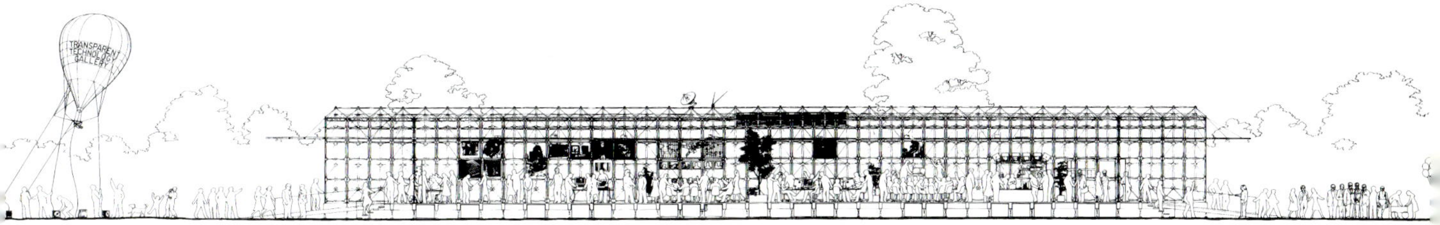
TRANSPARENT
TECHNOLOGY
GALLERY

为了建造 IBM 巡回展馆，专门研制了一些新产品，其中有一种现代化工产品——超强胶，它能把展馆中截然不同的材料粘合在一起。

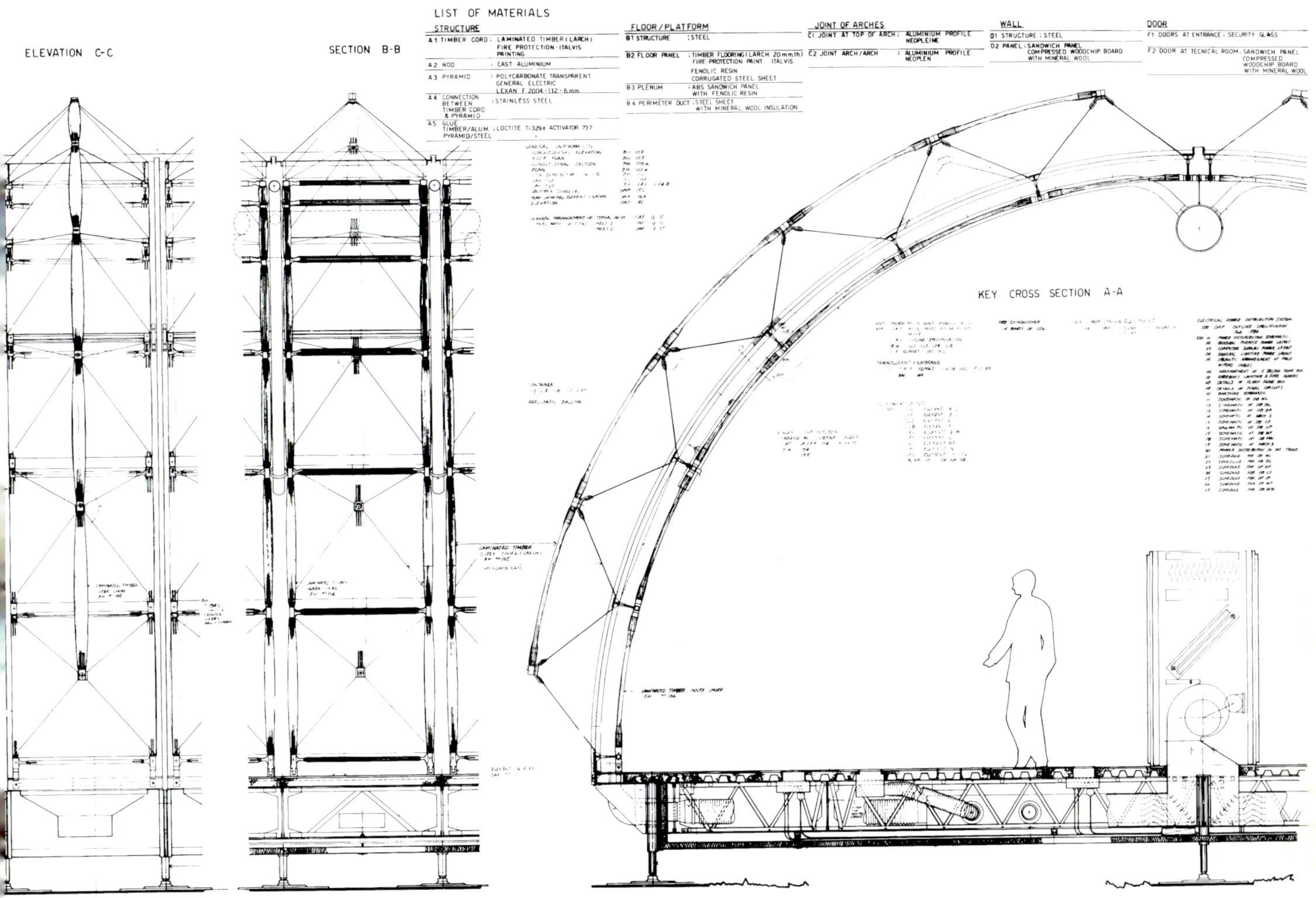
ELEVATION C-C
SECTION B-B
KEY CROSS SECTION A-A
LIST OF MATERIALS
STRUCTURE
A1 TIMBER CORD : LAMINATED TIMBER (LARCH) FIRE PROTECTION - ITALVIS PAINTING
A2 NOD : CAST ALUMINIUM
A3 PYRAMID : POLYCARBONATE TRANSPARENT GENERAL ELECTRIC LEXAN F 2004 - 112 - 6 mm
A4 CONNECTION BETWEEN TIMBER CORD & PYRAMID : STAINLESS STEEL
A5 GLUE TIMBER/ALUM. PYRAMID/STEEL : LOCTITE Ti329e ACTIVATOR 737
FLOOR / PLATFORM
B1 STRUCTURE : STEEL
B2 FLOOR PANEL : TIMBER FLOORING (LARCH 20 mm th.) FIRE-PROTECTION PAINT ITALVIS FENOLIC RESIN CORRUGATED STEEL SHEET
B3 PLENUM : ABS SANDWICH PANEL WITH FENOLIC RESIN
B4 PERIMETER DUCT : STEEL SHEET WITH MINERAL WOOL INSULATION
JOINT OF ARCHES
C1 JOINT AT TOP OF ARCH : ALUMINIUM PROFILE NEOPLEINE
C2 JOINT ARCH/ARCH : ALUMINIUM PROFILE NEOPLEN
WALL
D1 STRUCTURE : STEEL
D2 PANEL : SANDWICH PANEL COMPRESSED WOODCHIP BOARD WITH MINERAL WOOL
DOOR
F1 DOORS AT ENTRANCE : SECURITY GLASS
F2 DOOR AT TECNICAL ROOM : SANDWICH PANEL COMPRESSED WOODCHIP BOARD WITH MINERAL WOOL

麦尼尔收藏馆
Menil Collection

博物馆
美国,得克萨斯,休斯顿
Museum
Huston,Texas,U.S.A.
1981–1986

麦尼尔收藏馆是应多米尼克·德·麦尼尔(Dominigue De Menil)的请求而设计的一座博物馆。麦尼尔的藏品从原始艺术到当代艺术,共有一万多件,她想把自己的私人收藏品向大众开放。她的愿望是建一座试验性的博物馆,内含艺术品修复工作室、画廊和一个小村子,所有这一切都要尽量充分地利用自然光。

一万多件藏品轮流展出。它们被存放在二楼的"精品屋"里,有防盗装置,由人工控制室内气候,与一楼的展览厅分开。展出的时间不长,这样可以减少展品暴露在高于一般亮度(1000lx)的光照之下。

博物馆的屋顶由"叶形"标准件构成,可以吸纳天光,同时滤掉紫外线。自然光穿过这些"叶子"照进室内,使室内的光影随太阳的位置而不断变化。为了与预期效果保持一致,博物馆设计得富于韵律感,展厅由一间间小室组成,每一间都向围合的花园开放。

这一切组合成一种光影斑驳的总体感觉,使这里变成了宁静平和的沉思之地。

博物馆周围环绕着树木、草地和休斯顿旧城区典型的传统建筑。一些邻近的房屋作为附属建筑服务于博物馆（作书店、管理处等）。博物馆模仿了这些老房子的风格，与它们的母题相呼应，或吸收它们的构造方法或材料。博物馆没有压倒或凌驾于这个城区，而是与环境相适应，构成了一个“博物馆村”。

还是应麦尼尔夫人的请求，1992 年为 CY·托伯利（CY Twombly）专门设计建造了一个永久性侧翼。这座附加建筑更加严谨、明确，它与主馆相分离，与主馆一样，不对其他房屋造成威压之势。艺术家想把它建成正方形，形式简洁，甚至纯粹，光线要到达每一个角落，但不要直射，要比主馆的光线更柔和（强度为 300lx）。

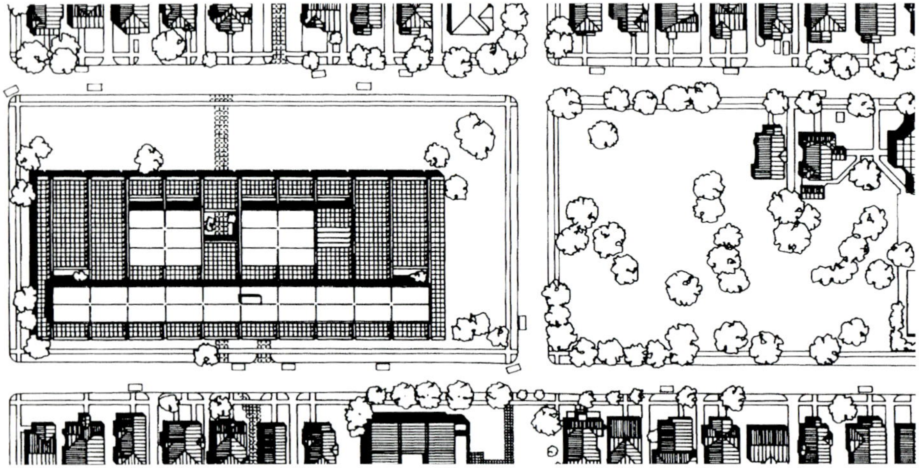

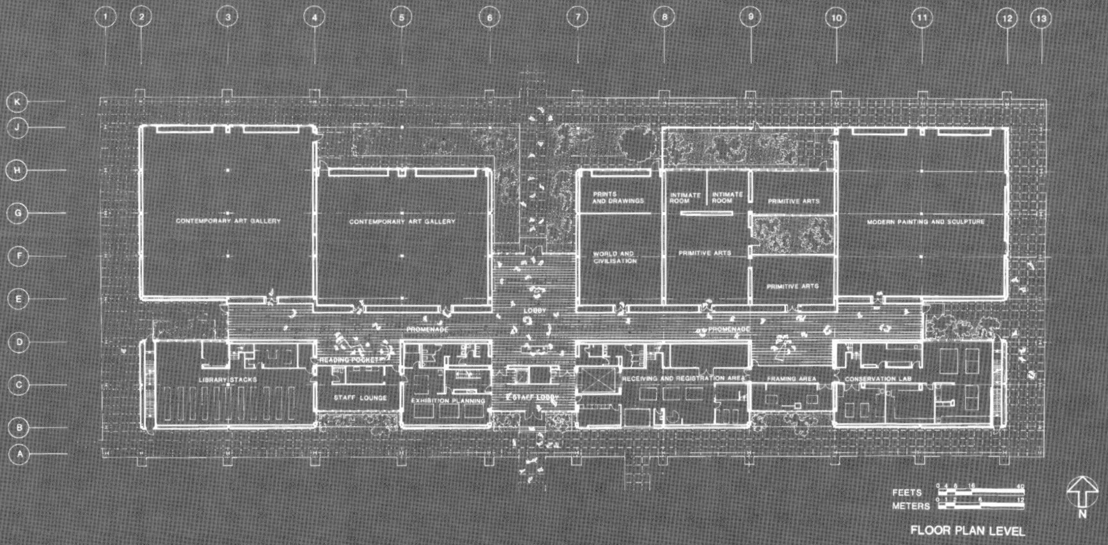

底层平面 1:1000

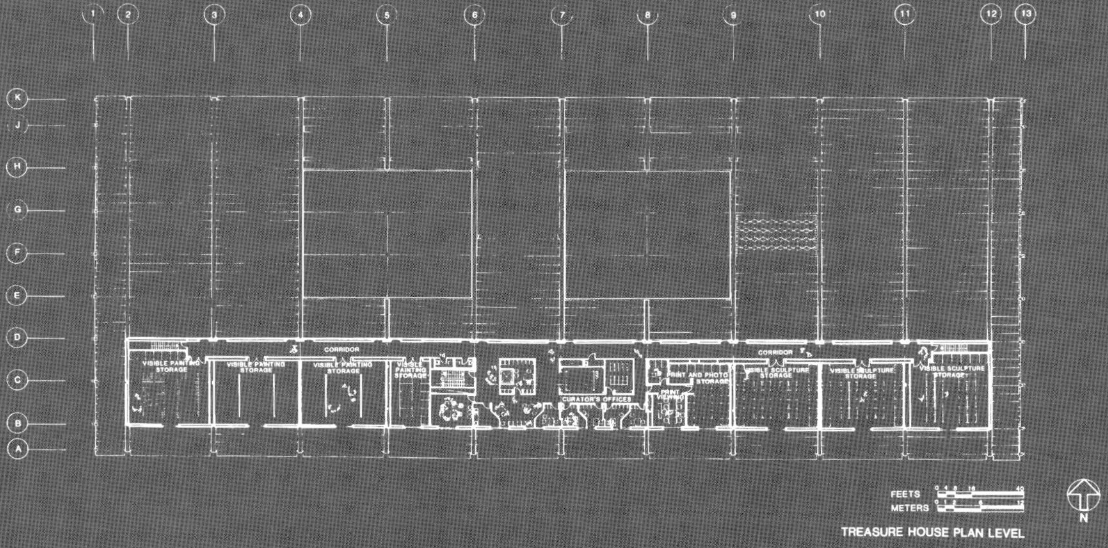

一层平面 1:1000

'92 哥伦布国际博览会

Clumbus International Exposition '92

意大利,热那亚
Genoa,Italy
1988-1992

20 世纪 80 年代末，热那亚市政府决定组织一次国际博览会，庆祝克里斯托福·哥伦布发现美洲大陆 500 周年。地点选在当时仍在使用的老港口，现已退役，被一个新的现代化的港口所取代。举办这次博览会是改造城市历史街区，尤其是营建永久性设施的大好机会。

基本的设想是，此工程一定要将热那亚的历史文化中心（沿旧港口一带）和大海连接起来。几个世纪以来，这种联系总是被切断，先是城市堡垒，后是货仓、铁轨，再是海关关卡，最近又是公路。实施这项工程相当于给城市动一次体外循环心脏手术。

挑战是双重的：一方面，要将从 17 世纪到 20 世纪的老码头变成公共空间;另一方面，要将港口和城市紧密相连。工程还为开发这个欧洲最大的历史文化中心之一提供了好机会。（这个想法来源于 1981 年热那亚摩洛·凡奇欧（Molo Vecchio）旧城区改造计划）

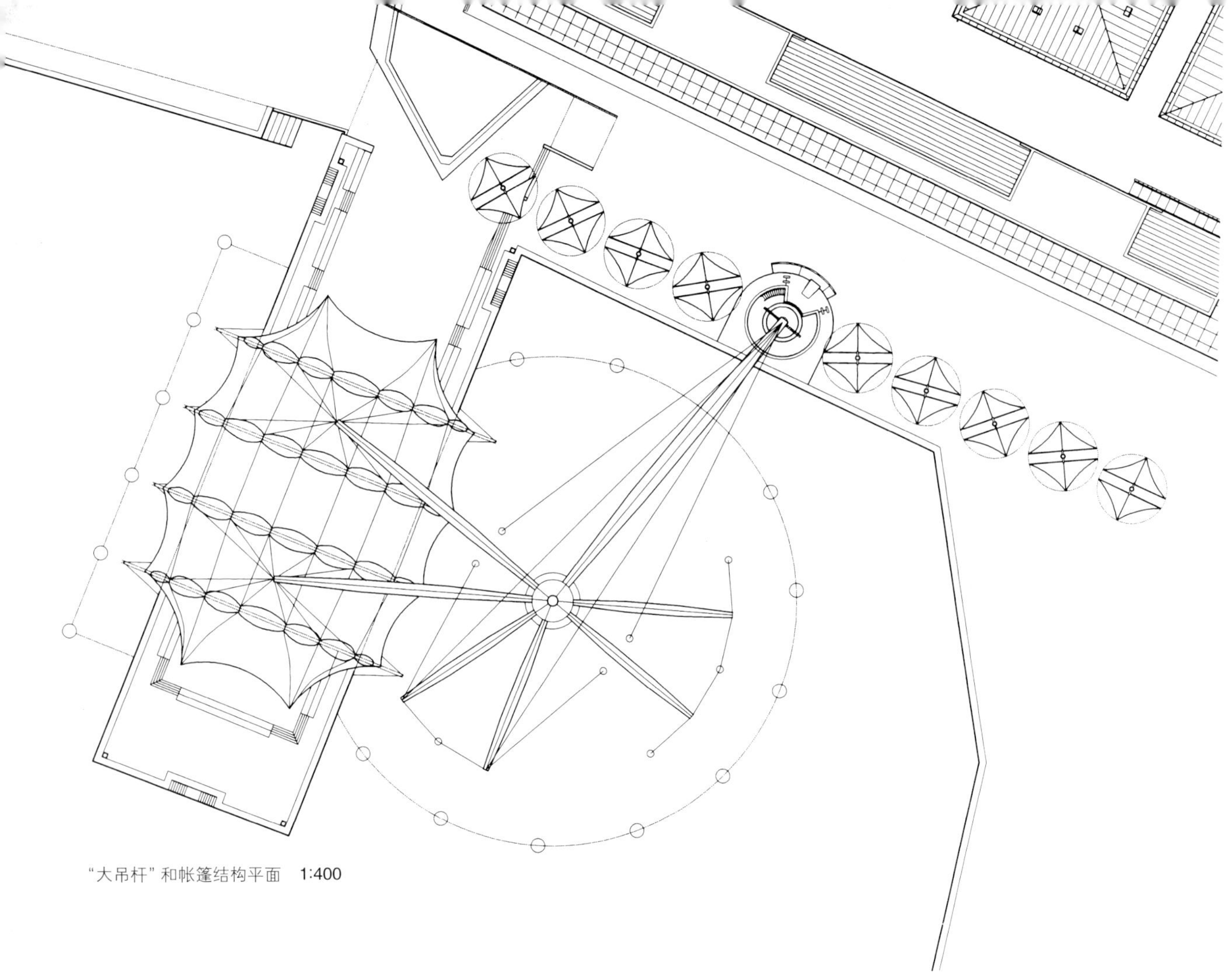

“大吊杆”和帐篷结构平面　1:400

具体来说，需要改建码头周围的建筑物（比如，一座3层高，400m长的棉花仓库，要改建成图书馆或大礼堂等多功能的空间）。为了确保不违背周围地区原来的风格，改建过程极为小心谨慎。水族馆和海上起重架等新建筑成了新港口的象征，同时又和老港口的风格相吻合。

将城市与海港连接起来的方式就是延长原来的街道，一直延伸到海边。维·得·马利（Via Del Mare）是旧城区的通衢大道之一，现在延长到海港的中心地带，又继续延伸到水族馆旁边的防波堤上。这一工程已不仅仅是对旧城区的改建，它还是试图恢复海港旧日荣耀的冒险。冒险似乎成功了：该城区焕发了自己独特的生命，无论白天黑夜，都有热那亚人在那里参观游览。

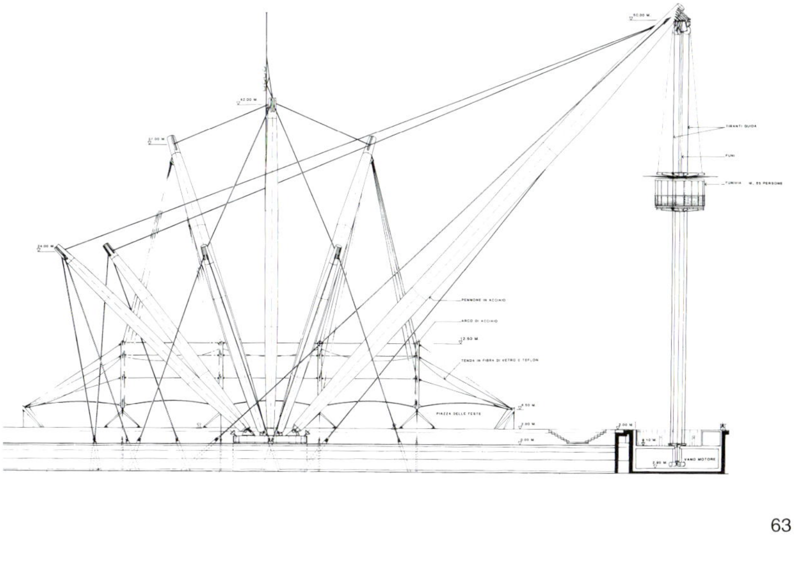

"大吊杆"和帐篷结构立面　1:400

4
5

林格托大礼堂
Lingotto Auditorium

工厂改建
意大利,都灵
Factory Rehabilitation
Turin,Italy
1983–1994

这座大礼堂是林格托改建工程的“奇迹”之一。它曾是菲亚特(Fiat)在都灵的第一个大型厂址,1982年停止生产。

老建筑有 4 个天井,大音乐厅兼会议厅就建在其中的一个天井下面, 为此,天井地面被提升到一层的高度,从而在扩展主要公共空间和商店层的拱廊之间形成了一个广场。为了达到足够的容量,也为了让地面有足够的倾斜度,庭院被下挖 14m,远低于旧建筑的地基。

为了隔音,大厅的新结构完全独立于旧结构。沿大厅长端的混凝土框架支撑着钢梁和混凝土平台,钢梁支撑着 350mm 厚的庭院地面混凝土板,平台板独立于钢梁。为了更好地消音,两套梁上都装了橡胶垫。

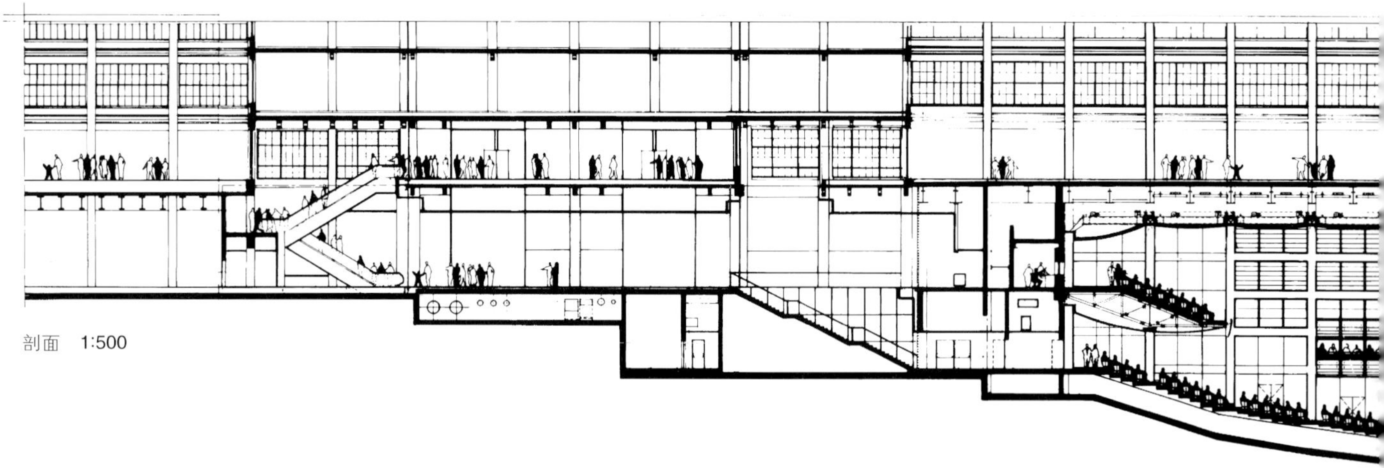

剖面　1:500

出于对倾斜的地面的考虑，大礼堂的空间被设计成鞋盒子形（两长边各有一个高层廊子，上面有翻译室），一侧为楼座，另一侧则是一个可完全调节的舞台。天花板的凸面板也可以调节，每块凸板和它们之间的灯栅都可以独立升降。

当大厅用于 2000 人的交响音乐会时，就使用其最大空间——24000m³，混响时间为 1.9 秒。当用于会议时，天花板被降低 6m，以减小大厅的空间，调节音响效果，这时的空间是 9400m³，混响时间不到 1.5 秒。

声音的“色彩”被予以充分考虑，地板、天花板的可移动部分和墙面都用了樱桃木。

为了达到合适的混响时间，采用了在墙上钻孔、用圆拱形楼座吸收声音和用木材吸收回声的办法，事实证明，木材是达到这一目的的最佳材料。

“声音反射装置”悬挂在乐队上方，将声音反射给演奏者，使每一位音乐家都能听到最完美的声音。

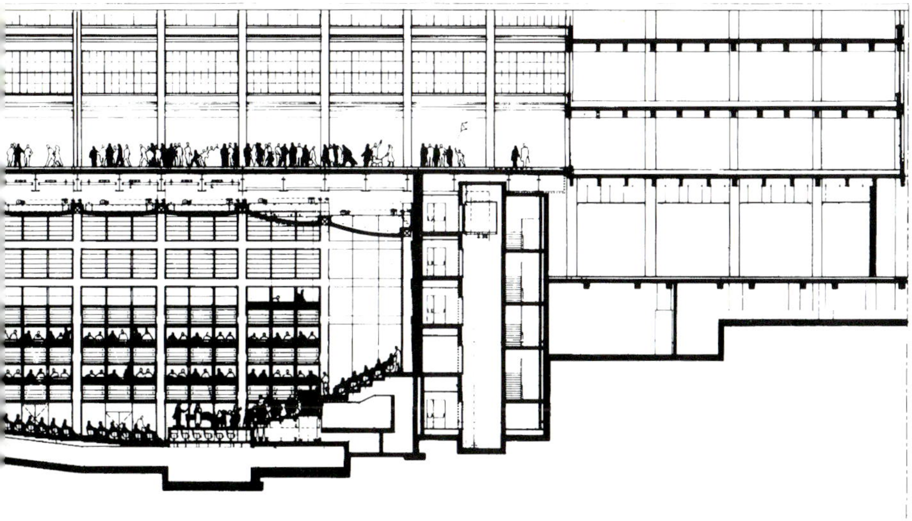

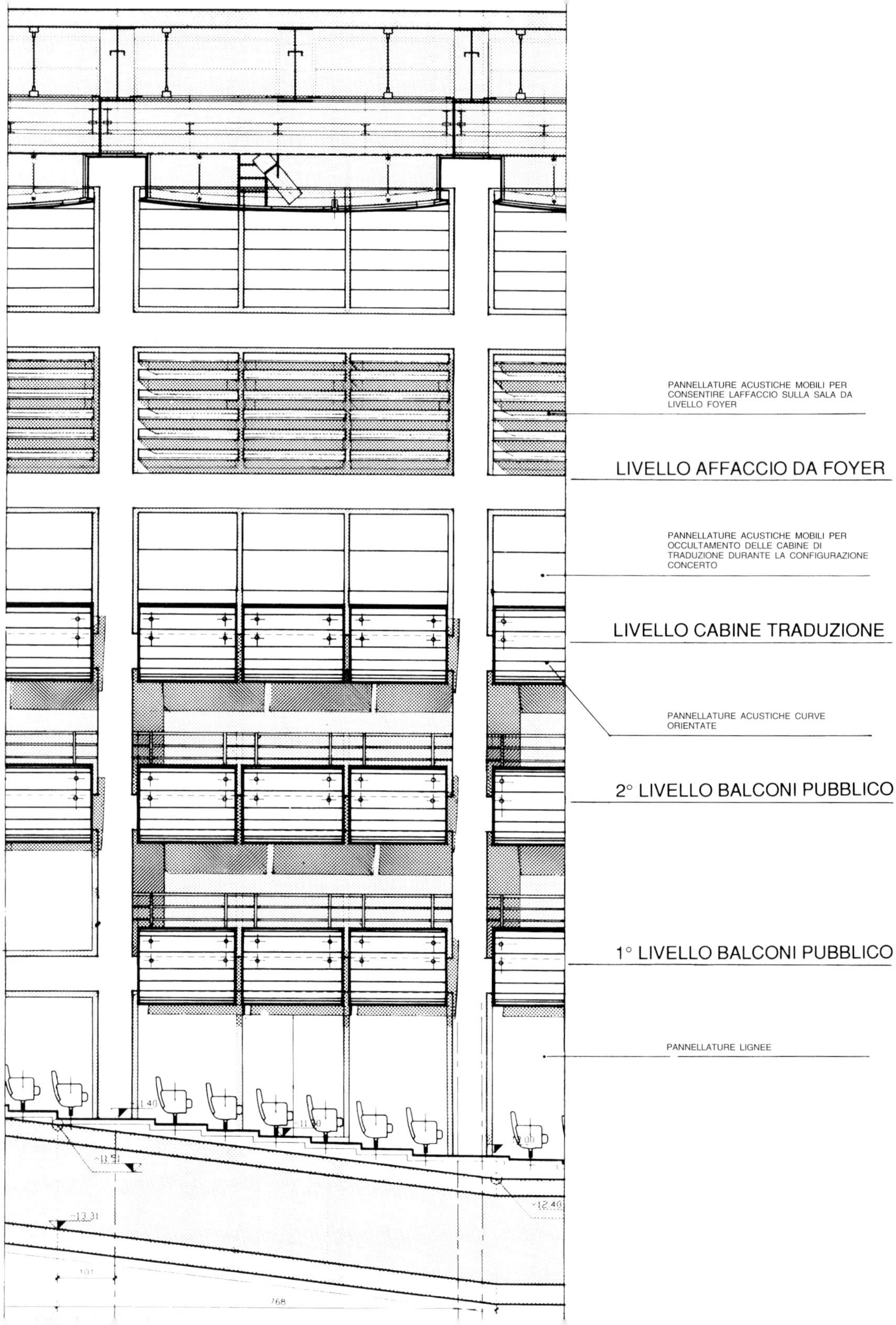
PANNELLATURE ACUSTICHE MOBILI PER CONSENTIRE LAFFACCIO SULLA SALA DA LIVELLO FOYER
LIVELLO AFFACCIO DA FOYER
PANNELLATURE ACUSTICHE MOBILI PER OCCULTAMENTO DELLE CABINE DI TRADUZIONE DURANTE LA CONFIGURAZIONE CONCERTO
LIVELLO CABINE TRADUZIONE
PANNELLATURE ACUSTICHE CURVE ORIENTATE
2° LIVELLO BALCONI PUBBLICO
1° LIVELLO BALCONI PUBBLICO
PANNELLATURE LIGNEE

贝耶勒基金会
Beyeler Foundation

博物馆
瑞士,里恩
Museum
Riehen,Switzerland
1992–1997

与麦尼尔博物馆的情形一样,艺术赞助人和收藏家恩斯特·贝耶勒(Ernst Beyeler)想要给自己的艺术收藏品建一座博物馆,并向大众开放。贝耶勒先生对他的博物馆有一个非常明确的构想。首先,他想让它坐落在瑞士的一个公园里,这曾经是一个私人花园,公园的中央有一座历史纪念碑,博物馆周围绿树环绕,与自然浑然一体。

贝耶勒基金会博物馆由四面等长的承重墙构成,墙体与基地的围墙平行。展览空间一排排直线排列,并与最后的结束空间相连。横向部分则活泼得多,最东边的墙逐渐变矮,将参观者导向入口。

贝耶勒先生还有一个要求:自然光。整个博物馆覆盖着透明的倾斜屋顶,从某些角度看,屋顶似乎要脱离建筑,飘然而去。屋顶由一种简单的金属结构支撑,而从展厅里面是看不到支撑的。建筑的整体感觉十分轻盈,与墙壁的石质表面形成了对比。

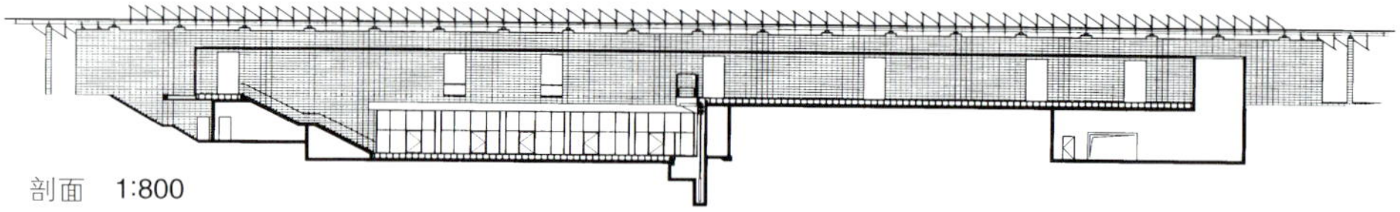
剖面　1:800

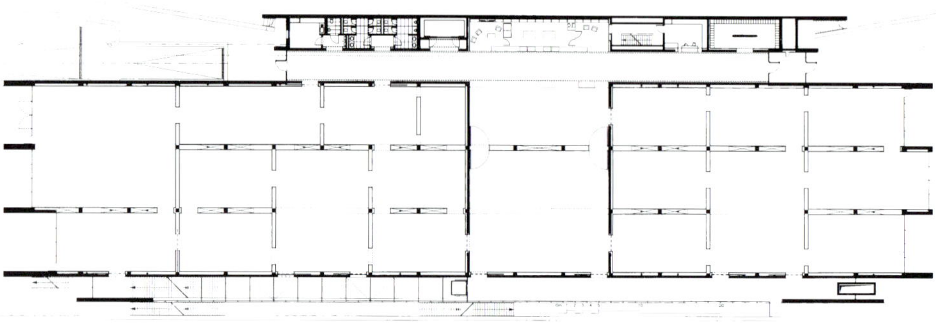
平面　1:800

墙壁，包括围墙，都用一种类似于巴塞尔（Basel）地区的红砂岩的石头贴面，这种石头实际上来自阿根廷。与当地石头相比，它更耐风吹雨打，无需太多的维护和保养。

一道玻璃隔墙将西立面与狭长的花园分隔开来。花园、树林和湖水似乎要进入博物馆，内部空间与外部空间得到完美的平衡，宁静笼罩着这里的一切。

立面　1:1000

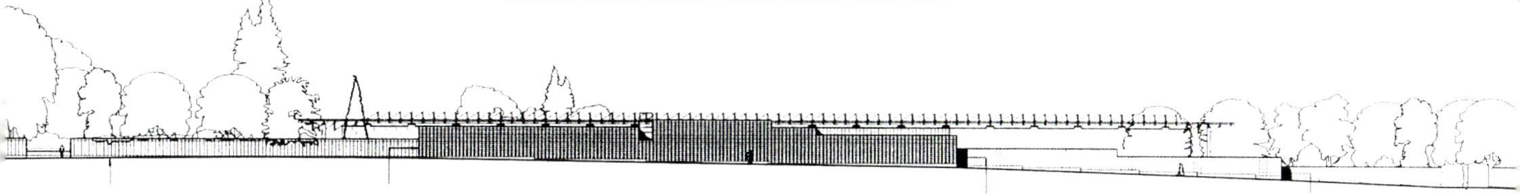

1982–1986
Menil Collection
Houston, Texas U.S.A

客户 Menil Foundation
建筑师 Piano & Fitzgerald
设计小组 S. Ishida (associate in charge), M. Carroll, F. Doria, M. Downs, C. Patel, B. Plattner (associate architect), C. Susstrunk
顾问 Ove Arup & Partners (P. Rice, N. Nobel, J. Thornton) (structure); Hayne & Whaley Associates (services); Galewsky & Johnston (local services); R. Jensen (fire prevention)

1983–1984
Prometeo Musical Space
Venice and Milan, Italy

客户 Ente Autonomo, Teatro alla Scala, Milan
建筑师 Renzo Piano Building Workshop
设计小组 C. Abagliano, D. L. Hart, S. Ishida (associate in charge), A. Traldi, M. Visconti
顾问 M. Milan, S. Favero (structure); L. Nono (music); M. Cacciari (text); C. Abbado (director)
With: R. Cecconi
承包商 G. F. Dioguardi S.p.A

1983–1986
IBM Travelling Pavilion

客户 IBM Europe
建筑师 Renzo Piano/Building Workshop/Atelier de Paris
设计小组 O. Di Blasi, F. Doria, G. Fascioli, S. Ishida (associate in charge), J. B. Lacoudre, N.Okabe (associate architect), P. Vincent, A. Traldi
顾问 Ove Arup & Partners (P. Rice, T. Barker) (structural and mechanical engineering)
承包商 Calabrese Engineering S.p.a.

1983–1994
Lingotto Auditorium Factory Rehabilitation
Turin, Italy

建筑师 Renzo Piano Building Workshop, architects

竞赛，1983

客户 Fiat S.p.A.

设计小组 S. Ishida (associate architect), C. Di Bartolo, O. Di Blasi, M. Carroll, F. Doria, G. Fascioli, E. Frigerio, R. Gaggero, D. L. Hart, P. Terbuchte, R. V. Truffelli

可行性研究，1985

客户 Municipality of Turin

设计小组 S. Ishida (associate architect), E. Frigerio, O. Di Blasi, K. Dreissigacker, M. Mattei with G. G. Bianchi, G. Fascioli, M. Visconti

顾问 G. De Rita (economics); R. Guiducci (sociology)

设计深化和建筑，1991–

客户 Lingotto S.r.l.

设计小组 M. Carroll, M. Cattaneo, M. Cucinella, S. Ishida, D. Piano, B. Plattner, S. Scarabicchi, R. V. Truffelli, M. van der Staay, M. Varratta, P. Vincent (senior partners, partners and architects in charge) with P. Ackermann, A. Alborghetti, E. Baglietto (partner), A. Belvedere, L. Berellini, A. Calafati, A. Carisetto, G. Cohen, F. Colle, P. Costa, S. De Leo, A. De Luca, S. Durr, K. Fraser, A. Giovannoni, C. Hays, G. Hernandez, C. Herrin, W. Kestel, P. Maggiora, D. Magnano, M. Mariani, K.A. Naderi, T. N´Guyen, T. O´Sullivan, M. Rossato Piano, M. Pimmel, A. Sacchi, M. Salerno, P. Sanso, A. Stadlmayer, A.H. Téménidès, N. Van Oosten, H. Yamaguchi and S. Arecco, F. Bartolomeo, M. Busk-Petersen, N. Camerada, M. Carletti, I. Cuppone, R. Croce Bermondi, A. Giovannoni, M. Nouvion, P. Pedrini, M. Piano; I. Corte, D. Guerrisi, G. Langasco,
L. Siracusa (CAD Operators);
D. Cavagna, P. Furnemont (models)

顾问 Ove Arup & Partners, AI Engineering,
Fiat Engineering (structure and services);
Arup Acoustics, Müller Bbm, Peutz & Associés (acoustics);
PI Greco Engineering (fire prevention);
Davis Langdon Everest, Fiat Engineering, GEC Ingénierie (cost control);
Techplan (theater equipment);
ECL (exhibition area management); CSST (commercial);
P. Castiglioni (lighting); P.L. Cerri, ECO S.p.A. (graphic design);
F. Santolini (interiors); CIA (interiors/shopping center);
Studio Vitone & Associati, F. Levi/G. Mottino (site supervision);
Studio Program (I. Castore), R. Montauti/B. Roventini/G. Vespignani/S. Rum/E. Bindi (building inspectors)

1985–1992 Columbus International Exposition ´92

Genoa,Italy

客户 City of Genoa
建筑师 Renzo Piano Building Workshop, architects
设计小组 S. Ishida (partner) with E. Baglietto, G. G. Bianchi, M. Carroll, O. De Nooyer, G. Grandi, D. L. Hart, C. Manfreddo, R. V. Truffelli (architects in charge), P. Bodega, V. Tolu and A. Arancio, M. Cucinella, G. Fascioli, E. L. Hegerl, M. Mallamaci, G. Mc Mahon, M. Michelotti, A. Pierandrei, F. Pierandrei, S. Smith, R. Venelli, L. Vercelli; S. D´Atri, S. De Leo, G. Langasco, P. Persia (CAD Operators)
顾问 Ove Arup & Partners, L. Mascia/D. Mascia, P. Costa, L. Lembo, V. Nascimbene, A. Ballerini, G. Malcangi, Sidercard, M. Testone, G. F. Visconti (structure); Manens Intertecnica(services); M. Semino (supervisor for urban area and historic buildings); Cambridge Seven Associates (P. Chermayeff) (aquarium consultant);

F. Doria, M. Giacomelli, S. Lanzon, B. Merello, M. Nouvion, G. Robotti, A. Savioli (technical consultants); STED (cost control); D. Commins (acoustics for congress hall); P. Castiglioni (lighting); E. Piras (site supervision for special aquarium equipment); L. Moni (site supervision); Scène (scenography); Cetena (naval engineer); G. Macchi (Italian Pavilion exhibition curator); Origoni/Steiner (graphic design)
承包商及管理 Italimpianti

1989–1994 Renzo Piano Building Workshop

Punta Nave, Genoa, Italy

客户 Renzo Piano Building Workshop
建筑师 Renzo Piano Building Workshop
设计小组 M. Cattaneo (architeet in charge), S. Ishida (partner), M. Lusetti, F. Marano,M. Nouvion with M. Carroll, 0. Di Blasi, R. V. Truffelli, M. Varratta and D. Cavagna (models)
顾问 A. Bellini, L. Gattoronchieri (soil engineers); P. Costa (structure); M. Desvigne (landscaping); C. Di Bartolo (bionic research)

1991–1997
Beyeler Foundation Museum
Riehen (Basel), Switzerland

客户 Beyeler Foundation

建筑师 Renzo Piano Building Workshop
B. Plattner, senior partner in charge
in association with Burckhardt + Partner AG, Basel

初步设计，1992

设计小组 L. Couton (architect in charge) with J. Berger, E. Belik, W. Vassaland A. Schultz, P. Darmer (models)

顾问 Ove Arup & Partners (structure and services.)

施工建造 1993–1997

设计小组 L. Couton (architect in charge) with P. Hendier, W. Matthews, R. Self and L. Epprecht; J. P. Allain (models)

顾问 Ove Arup & Partners, C. Burger + Partner AG (structure); Bogenschütz AG (plumbing); J. Forrer AG (HVAC); Elektrizitäts AG (electrical engineering); J. Wiede, Schönholzer+ Stauffer (landscaping)

1991–1998
Tjibaou Cultural Centre
Nouméa, New Caledonia

客户 Agence pour le Développement de la Culture

建筑师 Renzo Piano Building Workshop
P. Vincent, senior partner in charge

竞赛，1991

设计小组 A. Chaaya (architect in charge) with F. Pagliani, J. Moolhuijzen, W. Vassal and O. Doizy, A. Schultz (models)

顾问 A. Bensa (ethnologist); Desvigne & Dalnoky (landscaping); Ove Arup & Partners (structure and ventilation); GEC Ingénierie (cost control), Peutz & Associés (acoustics), Scène (scenography)

初步设计，1992

设计小组 A. Chaaya, D. Rat (architects in charge) with J. B. Mothes, A. H. Téménidès and R. Phelan, C. Catino, A. Gallissian, R. Baumgarten; P. Darmer (models)

顾问 A. Bensa (ethnologist); GEC Ingénierie (cost control); Ove Arup & Partners (structural & MEP engineering concept); CSTB (environmental studies); Agibat MTI (structure); Scène (scenography); Peutz & Associés (acoustics); Qualiconsult (security); Végétude (planting)

设计深化和建筑施工，1993–1998

设计小组 D. Rat, W. Vassal (architects in charge) with A. El Jerari, A. Gallissian, M. Henry, C. Jackman, P. Keyser, D. Mirallie, G. Modolo, J. B. Mothes,M. Pimmel, S. Purnama, A. H. Téménidès and J.P. Allain (models)

顾问 A. Bensa (ethnologist); Agibat MTI (structure); GEC Ingénierie (MEP engineering and cost control); CSTB (environmental studies); Scène (scenography); Peutz & Associés (acoustics); Qualiconsult (security); Végéude (planting); Intégral R. Baur (signing)

已建成的作品

1964	Lightweight Structures
1973	Office building for B&B, Como, Italy
1974	One-family homes, Cusago, Milan, Italy
1977	Centre Georges Pompidou, Paris, France (with Richard Rogers)
	IRCAM, Institute for acoustic research, Paris, France
1979	Participation project for the rehabilitation of historical centres, Otranto, Italy
1980	VSS Experimental vehicle for FIAT, Turin, Italy
1982	Housing in Rigo district, Perugia, Italy
	A. Calder retrospective exhibition, Turin, Italy
1984	Schlumberger factories rehabilitation, Paris, France
	Musical space for Prometeo opera by L. Nono, Venice, Italy
	Office building for Olivetti, Naples, Italy
1985	Office building for Lowara factory, Vicenza, Italy
1986	IBM Travelling Exhibition in Europe
	Museum for the Menil Collection, Houston, U.S.A.
1987	Headquarter for Light Metals Experimental Institute, Novara, Italy
1990	S.Nicola Football stadium, Bari, Italy
	Bercy commercial centre, Paris, France
	IRCAM Extension, Paris, France
	Cruise ships for P&0, U.S.A.
1991	Housing for the City of Paris, Rue de Meaux, Paris, France
	Thomson factories, Guyancourt, France
	Underground stations for Ansaldo, Genoa, Italy
1992	Headquarter for the Credito Industriale Sardo, Cagliari, Italy
	Columbus International Exposition; Aquarium and Congress Hall, 1992, Genoa, Italy
1994	Lingotto Congress-Concert Hall, Turin, Italy
	Kansai International Airport, Osaka, Japan
	Renzo Piano Building Workshop Office, Genoa, Italy
1995	Cy Twombly Pavilion, Houston, U.S.A.
	Meridien Hotel at Lingotto and Business Centre, Turin, Italy
	Headquarter Harbour Authorities, Genoa, Italy
1996	Cinema, Offices, Contemporary Art Museum, Congress Centre (200, 800 and 300 seats), Landscape, Cité Internationale, Lyon, France
	I Portici (Shopping Street at Lingotto), Turin, Italy
1997	Ushibuka Bridge, Kumamoto, Japan
	Reconstruction of the Atelier Brancusi, Paris, France
	Museum of Science and Technology, Amsterdam, The Netherlands
	Museum of the Beyeler Foundation, Riehen, Basel, Switzerland
	The Debis building Headquarters, Daimler Benz, Potsdamer Platz, Berlin, Germany
	Wind tunnel for Ferrari, Maranello, Modena, Italy

1998	Cultural Center Jean Marie Tjibaou, Nouméa, New Caledonia
	Mercedes Benz Design Centre, Stuttgart, Germany
	Daimler Benz Potsdamer Platz projects: musical theatre, Imax theatre, residentials, retails, Berlin, Germany
	Lodi Bank Headquarters, Lodi, Italy
1999	Hotel and Casino, Cité Internationale, Lyon, France
	Completion open spaces, Old Harbour, Genoa, Italy
	Commercial and offices centre, Lecco, Italy
2000	Interior and Exterior Rehabilitation of the Pompidou Centre, Paris, France
	Daimler Benz, Potsdamer Platz, offices, Berlin, Germany

建设中的作品

1991	Padre Pio Pilgrimage Church, San Giovanni Rotondo, Foggia, Italy
1994	Auditorium Rome, Italy
1995	Commercial leisure and service centre, Nola, Napoli, Italy
1996	Contemporary Art Museum, Varnamö, Sweden
	High-Rise office block, Sydney, Australia
1997	KPN Telecom office tower, Rotterdam, The Netherlands
	Auditorium Parma, Italy
	Harvard University Art Museum Master Plan, Renovation and Expansion Project, Harvard, Cambridge, Massachusetts, U.S.A.
1998	Headquarters of the newspaper "Il Sole 24 Ore", Milan, Italy
	Cloister of the Capuchin Monks, San Giovanni Rotondo, Foggia, Italy
	Hermes Tower, Tokyo, Japan
	New subway stations in Genoa, Italy
	Lingotto Phase 3 (university, cinema, retail), Turin, Italy
1999	Paul Klee Museum, Bern, Switzerland
	Extension Art Institute of Chicago, Chicago, U.S.A.
	Extension Beyeler Museum, Riehen, Switzerland
	Department store, Cologne, Germany
	The Nasher Sculpture Centre, Dallas, U.S.A.
	Extension Woodruff Arts Centre, Atlanta, U.S.A.
	Braco de Prata, housing complex, Lisbon, Portugal
2000	Extension California Academy of Sciences, San Francisco, U.S.A
	New headquarters Virgin Continental Europe, Paris France

获奖与提名

1978	Union Internationale des Architects Honorary Fellowship, Mexico City, Mexico
1981	Compasso d´Oro Award, Milan, Italy
	AIA Honorary Fellowship, U.S.A.
1984	Commandeur des Arts et des Lettres Award, Paris, France
1985	Legion d´Honneur Paris, France
	R.I.B.A. Honorary Fellowship in London, England
1989	R.I.B.A. Royal Gold Medal for Architecture, England
	Cavaliere di Gran Croce award by the Italian Government, Rome, Italy
1990	Honorary Doctorship, Stuttgart University, Germany
	Kyoto Prize, Inamori Foundation, Kyoto, Japan
1991	Neutra Prize, Pomona, California, U.S.A
1992	Honorary Doctorship, Delft University, The Netherlands
1994	American Academy of Arts and Letters Honorary Fellowship, U.S.A
	Arnold W. Brunner Memorial Prize, U.S.A
	Officier, l´Ordre National du Mérite, Paris, France
	Goodwill Ambassador of Unesco for Architecture
	Premio Michelangelo in Rome, Italy
	Prize for Actuactiones temporales de Urbanismo y Arquitectura from the Ayuntamiento de Madrid, Spain
1995	Art Prize of the Akademie der Künste, Berlin, Germany
	Praemium Imperiale, Tokyo, Japan
	Erasmus Prize, Amsterdam, The Netherlands
1996	Premio Capo Circeo, Rome, Italy
	Telecom Prize, Naples, Italy
1997	Diploma European Award for Steel Structures for the Elevated Heliport Structure at Lingotto, Torino, Italy
1998	The Pritzker Architecture Prize, The White House, Washington, U.S.A.
1999	Architect of the Nationale Academy of San Luca, Rome, Italy
2000	Chevalier, Ordre National de la Légion d´Honneur, Paris, France
	Leone d´Oro to the career, Venice, Italy